ARITHMÉTIQUE LINÉAIRE

OU NOUVELLE MÉTHODE ABRÉGÉE DE CALCULER,

Que l'on peut pratiquer sans savoir lire ni écrire.

PAR L.-E. POUCHET, Correspondant du Conseil des Poids et Mesures, Membre de la Société d'Émulation de Rouen, et du Conseil des Arts et Manufactures, établi près le Ministre de l'intérieur.

SE VEND,

À ROUEN, Chez GUÉDRA, Marchand d'Estampes, sur le Port, nº 61 ;
Chez PERIAUX, Imprimeur-Libraire, rue Saint-Éloi, nº 29 ;

À PARIS, chez MOISY, Sculpteur, place Saint-Michel, nº 780.

IVᵉ ANNÉE RÉPUBLICAINE.

ARITHMÉTIQUE LINÉAIRE

Ou nouvelle Méthode abrégée de calculer.

LES premiers calculateurs comptaient par leurs doigts. C'est à eux que nous devons la numération décimale. L'on se servit ensuite de fiches, de jetons et enfin de chifres. Ce n'est qu'à ce dernier moyen que l'on doit les progrès de la science de l'Arithmétique, qui dut être extrêmement bornée par les autres. Les chifres ont l'avantage d'être propres aux combinaisons les plus savantes et les plus compliquées, et de pouvoir en transmettre les résultats dans tous les lieux et dans tous les tems; mais cette science exige une étude qui ne peut être faite que par ceux qui savent lire et écrire, et elle demande par conséquent un tems que beaucoup de monde ne peut y employer.

J'ai un autre moyen à proposer, dont la connaissance peut être acquise en très-peu de tems, et dont l'usage sera commode, sur-tout pour les objets de détail.

Barême a acquis, par ses comptes faits, une célébrité qui ne peut lui être contestée; comparons cependant sa méthode à celle que je propose.

Je vois, dans un nouveau Barême, une page employée pour expliquer la manière de faire le compte de 64 litrons à 4 francs 54 centimes; l'auteur indique premièrement une table sur laquelle on trouve, d'une part, le produit de 4 multiplié par 4, ensuite celui de 4 multiplié par 60, qu'il fait additionner et poser en compte. Il indique ensuite une autre table sur laquelle on trouve premièrement le produit de 54 centimes multiplié par 4, et ensuite celui de 54 par 60; il fait encore additionner ces deux nombres : comme ce dernier produit ne donne que des centimes, il le fait réduire en francs et poser sous le produit de la première table, et c'est par l'addition de ces deux sommes qu'il obtient un résultat définitif.

Il faut donc, pour faire usage de ce nouveau Barême, comme de l'ancien, savoir lire, écrire et calculer; il faut feuilleter un livre et savoir y trouver les objets que l'on cherche; il faut enfin une écritoire et du papier. Rien de tout cela par l'Arithmétique linéaire; j'explique d'une manière infiniment simple le moyen de faire le compte de 64 litrons à 4 francs 54 centimes. Je dis :

1° Ouvrez le compas au multiplicande sur 64;

2° Nombrez cette ouverture au multiplicateur 4,54, vous aurez la réponse à la demande.

Je ne propose qu'une table, et cette table est universelle, au lieu que le Barême, qui contient un volume, est très-borné dans ses moyens, ou bien il exige la réunion d'une grande quantité de résultats pour les opérations majeures et compliquées.

Tout ce que l'on pourrait reprocher à l'Arithmétique linéaire, ce serait la difficulté de compter avec une grande précision sur des nombres ou valeurs fractionnaires, sur lesquels on peut faire erreur d'un quart à un demi pour cent, et la nécessité d'avoir quelque connaissance des parties décimales pour les nombres élevés.

Je ne puis entrer dans de grands détails sur les parties décimales dans cet Ouvrage, qui n'est, à bien dire, qu'un extrait de mes Echelles graphiques sur les Poids, Mesures et Monnaies de l'Europe. Plusieurs savans d'ailleurs ont déjà traité ce sujet aussi bien qu'il peut l'être. Je me bornerai à dire que les parties décimales sont ainsi appellées de la division et subdivision en 10, c'est-à-dire que l'unité se divise en 10 dixièmes, le dixième en 10 centièmes, etc.

Les unités sont toujours séparées des fractions par une virgule, c'est la place qu'occupe chaque chifre par rapport à cette virgule qui en détermine la valeur. Le premier qui est à gauche marque des unités, le second marque des dixaines, etc. Le premier qui est à droite marque des dixièmes, le second marque des centièmes, etc. A ce moyen la transposition de cette virgule sur un nombre quelconque, le fait valoir 10 fois plus à chaque chifre qu'elle franchit de gauche à droite, et au contraire, le fait valoir 10 fois moins à chaque chifre qu'elle franchit de droite à gauche.

Ce sont ces décimales qui rendent les lignes proportionnelles propres à opérer sur tous les nombres possibles, soit supérieurs ou inférieurs à ceux qu'elles marquent. L'on se servira, par exemple, au besoin, de 6,4 pour opérer sur 0,64, sur 64 ou sur 640 en supposant un zéro : il est bien entendu que cette modification devra être réciproque sur les deux lignes dont on se sert pour faire un compte. Si l'on compte, par exemple, pour 64, l'ouverture du compas sur 6,4, il faudra compter son produit pour 285 s'il marque 28,5.

Quant au manque de précision sur le calcul graphique comparé au calcul ordinaire, il n'en résulte pas un grand inconvénient pour le détail, parce que les fractions n'y sont pas très-pratiquées, sur-tout pour les valeurs; et si l'on vend 64 litrons, ce sera plutôt à 4 francs 5 ou 6 décimes jusqu'à 4 francs 54 centimes. Quant à l'usage des parties décimales, il ne peut tarder à être familier à ceux qui ont de grands comptes à faire.

L'Arithmétique linéaire se réduit à compasser et compter des lignes sur une table que je joins au présent livre ; cette table forme un assemblage de lignes proportionnelles, divisées et subdivisées de manière à rendre toutes les combinaisons possibles sur la numération.

Cette table offre au principal 10 grosses lignes verticales, placées à égale distance l'une de l'autre ; la première est divisée en 10 ; la seconde en 20, ainsi de suite ; la dixième en 100.

L'espace qui se trouve entre chacune de ces grosses verticales est divisé en 10 par des lignes de moyenne grosseur, et chacune de ces divisions est encore subdivisée en 10 par des lignes très-fines. Toutes ces divisions sont marquées par des lignes courbes, à l'extrémité desquelles leur nombre est indiqué. Le compte des lignes peut suppléer à ces chifres, puisque la grosseur et la forme, en indiquant au premier apperçu, la valeur de chacune, facilitent singulièrement ce compte.

Le sommet de cette table ou échelle proportionnelle donne, autant que cela a été possible, la division de l'unité ; elle donne cette division en 10 jusqu'à la verticale 3, en 5 jusqu'à la verticale 5,4, et en 2 depuis 5,4 jusqu'à 10.

A côté de la première verticale se trouve une échelle sur laquelle l'unité est divisée en centièmes, et par conséquent la totalité de l'échelle en 1000. J'appelle cette échelle *multiplicande*, et j'appelle toutes les verticales *multiplicateurs*, parce qu'un nombre pris avec le compas sur ce multiplicande, porté à un multiplicateur quelconque, y donnera pour résultat le nombre qu'il aurait par le calcul ordinaire ; si j'ouvre, par exemple, le compas sur 2 au multiplicande, et que je le porte sur le multiplicateur 3, il marquera 6.

Le plus grand service que l'on pourra tirer de l'Arithmétique linéaire sera pour la multiplication, la division et la règle de trois. Quant à l'addition et à la soustraction, je n'en parlerai que pour faire connaître que les lignes sont propres à toutes les opérations. Ce qu'il y a d'heureux dans cette nouvelle Méthode, c'est que ces deux premières règles ne sont pas nécessaires pour opérer les autres, comme dans le calcul ordinaire.

DE L'ADDITION.

Pour l'addition et pour la soustraction je me servirai du multiplicande. L'Addition consiste à réunir plusieurs nombres en un seul ; elle peut donc s'opérer en ouvrant le compas en plusieurs fois sur chacun des nombres que l'on veut réunir.

Exemple.

Pour additionner 4,8 avec 2,5,

1° Ouvrez le compas sur 4,8 ;

2° Descendez la *pointe inférieure* (1) de 2, vous aurez la première partie de votre second nombre ;

3° Portez la *pointe supérieure* à l'étoile, sans égard, à l'endroit auquel pose la pointe inférieure ;

4° Prolongez la pointe supérieure jusqu'à 0,5 ;

5° Nombrez cette ouverture (2), vous aurez 7,3.

---

(1) J'appelle *pointe inférieure* celle qui pose en descendant de l'échelle, et *pointe supérieure* celle qui pose vers le haut ; ces deux pointes doivent, dans tous les cas, être posées perpendiculairement l'une à l'autre.

(2) J'appelle *nombrer l'ouverture du compas*, l'action de reconnaître quel nombre il marque sur une ouverture quelconque.

Si l'on voulait opérer sur des nombres plus élevés, l'on compterait les unités pour dixaines ou pour centaines, etc. La connaissance des parties décimales fournira les moyens d'opérer sur tous les nombres possibles ; j'en ferai l'application sur quelques exemples à la règle de trois.

DE LA SOUSTRACTION.

La réduction d'un nombre s'opèrera en refermant le compas, ouvert sur ce nombre primitif, dans la proportion du nombre qu'il faut soustraire.

EXEMPLE.

Pour soustraire 2,8 de 7,5,

1° Ouvrez le compas sur 7,5 ;

2° Remontez la pointe supérieure de 2 ;

3° Posez la pointe supérieure à 0,8 ;

4° Descendez-là jusqu'à l'étoile ;

5° Nombrez cette ouverture, vous aurez 4,7.

DE LA MULTIPLICATION.

Si l'on ouvre le compas au multiplicande, sur un nombre quelconque, et qu'on le porte à droite, il marquera un nombre d'autant plus élevé qu'il avancera de ce côté, puisque les verticales sont autant de multiplicateurs, dont les divisions marquent le multiple de la même longueur prise au multiplicande.

EXEMPLE.

Soit à multiplier 7,5 par 8,

1° Ouvrez le compas au multiplicande sur 7,5 ;

2° Nombrez cette ouverture au multiplicateur 8, vous aurez 60.

DE L'A DIVISION.

Comme la division est l'inverse de la multiplication, les multiplicateurs serviront de diviseurs, et le multiplicande donnera le quotient.

Pour diviser un nombre quelconque, il faudra prendre ce nombre sur la verticale marquant le nombre par lequel on veut diviser, et porter cette ouverture au multiplicande.

EXEMPLE.

Soit à diviser 45 par 9,

1° Ouvrez le compas sur 45 à la verticale 9 ;

2° Nombrez cette ouverture au multiplicande, vous aurez 5.

DE LA RÈGLE DE TROIS.

L'on multiplie ordinairement les deux derniers termes l'un par l'autre, et l'on en divise le produit par le premier pour avoir le quatrième ; il faut opérer en sens contraire sur les lignes, et prendre les trois termes dans l'ordre qu'ils sont posés pour avoir le quatrième (1).

---

(1) Quoique cette opération se présente d'une manière opposée à la méthode que l'on suit ordinairement, elle n'en diffère pas quant au fond, car le premier terme est toujours le diviseur et le troisième est aussi le multiplicateur. En effet, si j'ouvre le compas sur 7 à la verticale 2, c'est comme si je divisais 7 par 2, puisque l'ouverture du compas sera moitié plus petite que si je l'avais ouvert sur le même nombre à la verticale de l'unité ; et en portant cette ouverture à la verticale 8, j'obtiens un nombre d'autant plus haut, que 8 est supérieur à 2, ce qui donne nécessairement un résultat égal à celui que l'on aurait par le calcul ordinaire.

EXEMPLES.

Si 2 donnent 7, combien donneront 8?

1° Sur la verticale 2, ouvrez le compas sur 7;

2° Nombrez cette ouverture à la verticale 8, vous aurez 28.

Si 6000 donnent 24, combien donneront 100?

1° Sur la verticale 6000 (1), ouvrez le compas à 24;

2° Nombrez cette ouverture à la verticale 100 (2), vous aurez 0,4.

Si 24 donnent 6000, combien donneront 2?

1° Sur la verticale 24, ouvrez le compas à 6000;

2° Nombrez cette ouverture à la verticale 2, vous aurez 500.

COMME l'introduction des nouvelles Mesures de France nécessitera beaucoup de calculs relatifs à la différence qu'elles ont avec les anciennes, je vais faire le Tableau comparatif de ces différences entre les nouvelles Mesures, et les plus usitées à Paris et à Rouen.

---

(1) Si, à défaut d'une verticale, divisant par 6000, vous êtes obligé de vous servir de la verticale 6, qui, à nombre égal, donnera une ouverture 1000 fois plus grande qu'elle n'aurait donné sur la verticale 6000, il est évident qu'il faudra diviser votre résultat par 1000, à moins que la suite de l'opération ne présente, comme cela arrive très-souvent, une compensation partielle ou entière, que l'on fait alors entrer en compte.

(2) Comme je me sers d'1 au lieu de 100, j'ai donc deux zéros d'excédent, qui sont à déduire des trois que j'avais de trop sur la verticale 6; reste à un que j'ai encore de trop, ce qui me met dans le cas de diviser mon produit par 10; ce produit étant de 4, le résultat est de 0,4. Avec un peu de pratique, ces modifications des nombres sur le principe des parties décimales deviendront très-faciles, d'autant plus que l'on ne peut gueres se tromper de dix fois la chose, soit en plus, soit en moins.

Je vais affecter à chacune une ligne dans les proportions qu'elles ont l'une à l'autre. Pourvu qu'elles réunissent toutes respectivement cette condition, peu importe les lignes dont je me servirai. J'emploierai, par exemple, la verticale 1,2 pour représenter le pied, parce que le pied a 12 pouces, et que cette marche indique les lignes proportionnelles de toutes les Mesures linéaires dont on sait la longueur en pouces. Par la même raison, je représente la livre par la ligne 1 ; la pinte, qui contient 48 pouces cubiques, par 4,8 ; la corde de 42 pouces par 4,2, parce que si l'on voulait opérer sur des Mesures qui ne sont point comprises sur cette Table, mais dont on connaît les rapports avec celles-ci, l'on saurait de quelles lignes on peut se servir ; l'on saurait, par exemple, que pour la corde de 30 pouces il faut se servir de la ligne 3,0.

Quant aux autres Mesures, je me bornerai à ce qu'elles soient proportionnelles aux objets qu'elles représenteront, et à les choisir de manière à ce que ces objets représentés ne fassent point confusion entr'eux sur la ligne où chaque mesure sera exprimée en abréviation (1).

---

(1) L'on ne pourra, que par des opérations très-compliquées, établir de rapports entre des Mesures de différentes séries, c'est-à-dire entre celles qui ne sont pas désignées par les mêmes chifres de rapports, si ce n'est lorsqu'il sera question des nouvelles Mesures, et seulement à l'égard des séries 5, 6, 7 et 8.

L'on ne pourra donc, par exemple, établir de rapports entre la minette de Rouen et le boisseau de Paris, mais bien entre la minette et le décalitre, encore ne faudra-t-il pas porter le compas directement de la minette au décalitre, mais de la minette au litre (qui comme cette Mesure est de la série 5), et en décupler le produit, parce que le décalitre, qui est de la série 6, contient 10 litres. L'on fera de même à l'égard des autres, suivant les rapports de leurs séries avec celles auxquelles on le comparera ; l'hectolitre contient 10 décalitres, et le kilolitre en contient 100 ou 10 hectolitres ou 1000 litres.

TABLEAU

COMPARATIF

DES nouveaux Poids et Mesures de France avec ceux de Paris et de Rouen, pour l'intelligence de la Table d'Arithmétique linéaire qui se vend avec le présent.

Abréviations (1).	NOUVELLES MESURES.	*Lignes proport.* (2).	RAPPORTS.	
			AVEC PARIS,	AVEC ROUEN,
M,1.	MÈTRE........	3,7.	3,08 pieds.	0,84 aune.
MQ,2.	MÈTRE QUARRÉ.	2.	9,5 pieds q.	0,263 toise q
MC,3.	MÈTRE CUBE...	1,3.	29,2 pieds c.	0,135 toise c.
S,4	STÈRE	1,1.	0,52 voie.	0,26 *corde.*
L,5.	LITRE	5,04.	1,05 pinte.	0,525 *pot. b.*
DL,6.	DÉCALITRE ...	3,4.	0,79 boiss. b.	0.438 *boiss. b.*
HL,7.	HECTOLITRE ...	3,3.	0,66 set. b.	1,12 *mine b.*
KL,8.	KILOLITRE	4,6.	0,55 muid b.	0,47 *muid b.*
KG,9.	KILOGRAMME..	2,04.	2,04 liv. p. m.	2,04 liv. p. m.

(1) Abréviations par lesquelles les mesures sont indiquées à la Table, et chifres de renvoi à celles de même genre avec lesquelles elles peuvent être comparées.

(2) Lignes proportionnelles de la Table servant d'échelles aux mesures.

Abréviations.	MESURES DE PARIS ET ROUEN.	*Lignes proportion.*	NOUVELLES MESURES.
	MESURES DE PARIS.		
p,1.	Pied de Roi	1,2.	0,324 mètre.
a,1.	Aune	4,4.	1,188 mètre.
t,1.	Toise de longueur ..	7,2.	1,95 mètre.
tq,2.	Toise quarrée......	7,6.	3,8 mètres quarrés.
tc,3.	Toise cubique	9,51.	7,4 mètres cubiques.
v,4.	Voie pour le bois ..	2,1.	1,92 stère.
p,5.	Pinte.............	4,8.	0,95 litre.
lt,5.	Litron	4.	0,79 litre.
bb,6.	Boisseau pour le blé .	4,31.	1,27 décalitre.
ml,7.	Muid pour les liquides.	9,05.	2,74 hectolitres.
bl,7.	Baril pour les liquides.	1,88.	0,57 hectolitre.
sb,7.	Setier pour le blé....	5,03.	1,52 hectolitre.
mb,8.	Muid pour le blé....	8,41.	1,83 kilolitre.
l,9.	Livre poids de marc.	1.	0,489 kilogramme.
	MES. DE ROUEN (1).		
c,4.	*Cordes de 42 pouces..*	4,2.	3,84 *stères.*
pl,5.	*Pot pour les liquides.*	9,6.	1,9 *litre.*
pg,5.	*Pot pour les grains.*	9,2.	1,82 *litre.*
mt,5.	*Minette ....*	7,2.	1,43 *litre.*
bb,6.	*Boisseau pour le blé.*	7,77.	2,3 *décalitres.*
mb,7.	*Mine pour le blé ...*	3,02.	0,92 *hectolitre.*
ma,7.	*Mine pour l'avoine .*	5,67.	1,73 *hectolitre.*
mb,8.	*Muid pour le blé ...*	9,81.	2,14 *hectolitres.*

(1) Voyez l'article de Paris pour celles qui sont les mêmes dans ces deux villes.

Sur chaque abréviation à la Table se trouve un point qui indique la verticale de l'objet qu'elle représente.

Les mesures se rendront l'une par l'autre.

E x e m p l e.

Pour savoir combien 24 mètres rendront d'aunes de Paris,

1° Ouvrez le compas à 24, sur la verticale 4,4, indicative des aunes de Paris ;

2° Portez-le à la verticale 3,7, indicative des mètres, il marquera 20,2, c'est-à-dire que les 24 mètres rendent 20 aunes 2 dixièmes.

Pour évaluer les mesures, dans le rapport des prix, l'une de l'autre, il faut se servir des lignes qui les représentent comme des monnaies sur lesquelles on veut opérer.

Chaque Mesure donnera son prix dans la proportion du prix de celle à laquelle elle sera comparée.

E x e m p l e.

Pour savoir le prix du mètre dans le rapport de 27 francs l'aune de Paris,

1° Ouvrez le compas à 27, sur la verticale 4,4, indicative des aunes ;

2° Nombrez cette ouverture à la ligne 3,7, qui est celle des mètres, vous aurez 22,7, c'est-à-dire 22 francs 7 décimes.

Il sera aisé d'approprier cette échelle à tels Poids, Mesures ou monnaies que l'on voudra, pourvu que l'on se serve, pour objets de comparaison, des lignes dont les divisions soient proportionnelles entre les objets sur lesquels on veut établir des rapports. Si l'on voulait, par exemple, comparer la canne de Toulouse au mètre, ayant représenté le mètre par la ligne 3,7, parce qu'il contient 37 pouces, il faudrait se servir de la ligne 6,6 pour rendre la canne de Toulouse, parce que sa longueur est de *66* pouces.

S'il était question d'évaluer des Mesures étrangères, suivant les rapports qu'elles ont avec celles de France, et que l'on voulût par la même opération réduire les monnaies, et évaluer les Mesures chacunes dans leurs monnaies respectives, il faudrait employer pour les monnaies étrangères des lignes qui seraient à la monnaie de France comme les Mesures du même pays seraient aux Mesures de France, c'est-à-dire, par exemple, que si l'on voulait évaluer l'aune d'Amsterdam dans le rapport du prix de l'aune de Paris, ayant représenté l'aune de Paris avec la ligne 4,4, il faudrait représenter l'aune d'Amsterdam par la ligne 2,55, parce que l'aune d'Amsterdam est à celle de Paris comme 2,55 sont à 4,4, et il faudrait représenter le florin courant d'Amsterdam par la verticale 9,55, parce que le florin d'Hollande est au franc de France comme 9,55 sont à 4,4; et dans cette supposition il suffirait de rapprocher la monnaie étrangère de la Mesure du même pays, pour établir tous les rapports que l'on voudrait relativement aux évaluations des Mesures.

Pour savoir le prix de la Mesure étrangère dans le rapport de celui de la Mesure de France, il faudrait ouvrir le compas sur la ligne de la monnaie étrangère au prix de la Mesure de France, et en nombrer l'ouverture à la ligne de la Mesure étrangère; elle donnerait le prix de cette Mesure en monnaie de même pays. D'après cela si l'on veut savoir le prix de l'aune d'Amsterdam dans la proportion de 20 francs l'aune de

Paris, l'on ouvrira le compas à 20 sur la verticale 9,55, et l'on nombrera cette ouverture à la verticale 2,55 ; il rendra 5,2, c'est-à-dire, 5 florins 2 dixièmes l'aune d'Hollande. Et si l'on voulait savoir le prix de l'aune de Paris dans le rapport de 12 florins l'aune d'Hollande, l'on ouvrirait le compas sur 12 à la verticale 2,55, et l'on nombrerait cette ouverture à la verticale 9,55, qui donnerait 45 ; d'où l'on connaîtrait qu'à 12 florins l'aune d'Amsterdam, cela fait 45 francs l'aune de Paris.

Par cette explication l'on voit que cette Table ou Echelle peut servir à toutes les combinaisons et simplifier toutes opérations. J'y place à cet effet les nouvelles Mesures de France, celles de Paris et celles de Rouen, et j'en réserverai en blanc pour ceux qui voudront les remplir des objets sur lesquels ils auraient des comptes à faire. Chaque marchand peut donc s'en procurer une, pour l'approprier à son commerce, si étendu qu'il soit ; de même chaque ville ou département peut en disposer une pour ses Mesures particulières.

Je n'adresse ces dernières explications qu'à ceux qui savent calculer. L'arrangement, sur-tout des Poids, Mesures et Monnaies, sous les lignes qui leur conviennent, exige des combinaisons qui ne peuvent être faites que par ceux qui possèdent jusqu'à un certain dégré la science de l'Arithmétique, et il faut savoir lire pour faire cet usage des lignes, à moins que, vu le peu d'objets qu'elles représentent, on ne les apprenne de mémoire, ce qui serait encore très-facile.

Au surplus, ceux qui désireront des explications plus étendues sur les mêmes principes, pourront avoir recours à mes Echelles graphiques, qui se vendent aux mêmes endroits.

A ROUEN. De l'Imprimerie de P. PERIAUX, rue Saint-Éloi, n° 29.

TABLE POUR L'ARITHMÉTIQUE LINÉAIRE.

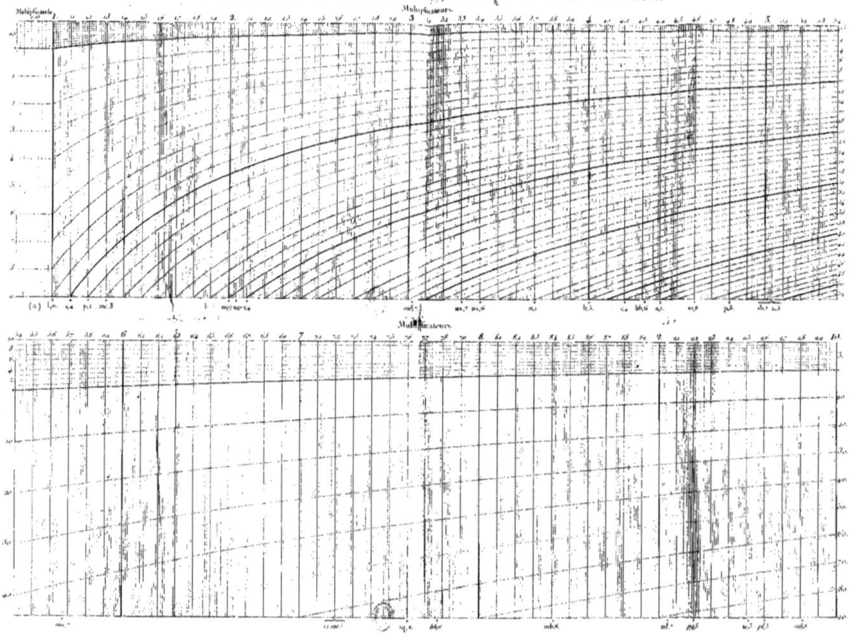
Multiplicande
Multiplicateurs
Multiplicateurs

(a) Ces abréviations désignent les nouveaux Poids et Mesures, ceux de Paris et ceux de Rouen, elles sont expliquées au petit livre intitulé Arithmétique linéaire, qui se vend avec cette Table

www.ingramcontent.com/pod-product-compliance
Lightning Source LLC
LaVergne TN
LVHW052034160826
845678LV00003B/1341

* 9 7 8 2 3 2 9 6 2 5 9 1 1 *